Crochet Symbol Book

一看即懂的
钩针编织符号

日本宝库社 编著

如鱼得水 译

河南科学技术出版社

· 郑州 ·

目 录

1 基本针法

2 枣形针、爆米花针

3 织在1针中多个针目钩

3 在1针中钩织多个针目

4 数针并为1针

5 条纹针、棱针、狗牙针

针目的高度和立织

立织一般用在各编织行的起点,用一定数量的锁针代替所要编织的那一行的针目高度。
针目的高度不同,立织的锁针针数也不同。
立织的锁针,除了短针不计为1针外,中长针以上高度的立织都要计为1针。

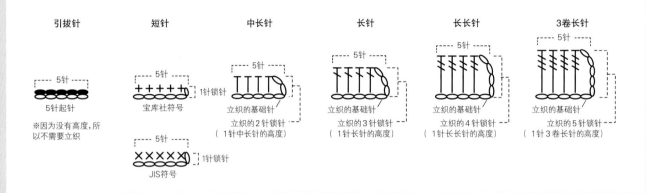

| 引拔针 | 短针 | 中长针 | 长针 | 长长针 | 3卷长针 |

5针起针
※因为没有高度,所以不需要立织

宝库社符号 / 1针锁针
JIS符号 / 1针锁针

立织的基础针 / 立织的2针锁针(1针中长针的高度)
立织的基础针 / 立织的3针锁针(1针长针的高度)
立织的基础针 / 立织的4针锁针(1针长长针的高度)
立织的基础针 / 立织的5针锁针(1针3卷长针的高度)

编织图的看法

将各种编织符号组合在一起来表示织片的正面,这就是"编织符号图"。(通常叫作编织图)
编织图是以正面看织片的状态描绘而成的。实际钩织的时候,是从右向左钩织,在往返编织的时候,交互看着织片的正面和反面钩织。编织行旁边的箭头表示编织方向。
也就是说,从正面看的话,每隔一行就是针目的反面。编织行的起点,也就是立织的锁针,位于右侧时是正面编织的行,位于左侧时是反面编织的行。
因为钩织时针目位于钩针的下方,所以编织图是以从下向上的方式表示钩织过程的。

●奇数行位于正面时

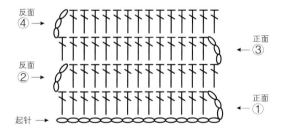

●偶数行位于正面时

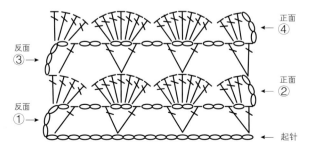

调整针脚

即使是同样的编织图,手劲儿的松紧也会影响长针、中长针等针法的针脚长短,这就是"调整针脚"。它经常用于钩织平滑的弧度或斜线。

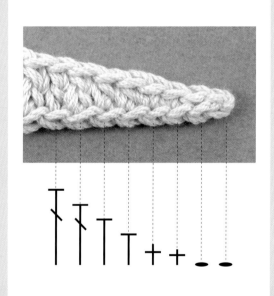

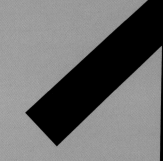

Crochet Symbol Book

基本针法

关于编织符号

编织符号是表示针目状态的符号,是根据日本工业标准(Japanese Industrial Standards)制定的。
一般简称为 JIS 符号。

⬭ 锁针

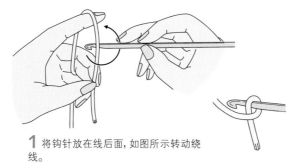

1 将钩针放在线后面,如图所示转动绕线。

2 用左手拇指和中指捏住线圈交叉处,如图所示转动钩针挂线。

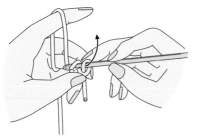
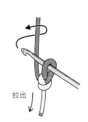

3 将线从挂在针上的线圈中拉出。

4 拉出线以后的样子。这是端头的针目,不计入针数。如图所示转动钩针,把线挂在钩针上。

5 将线从挂在钩针上的线圈中拉出。

6 后面重复"钩针挂线,从钩针上的线圈中拉出"。

7 图为钩织了3针的样子。钩织所需的针数(从钩针下方开始数)。

⬬ 引拔针

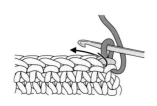
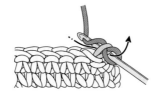
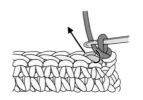
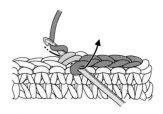

1 将线放在织片后面,将钩针插入前一行针目头部的2根线中。

2 钩针挂线,并按照箭头所示引拔出。

3 钩织好了1针引拔针。然后,同样挑取前一行相邻针目的头部,钩针挂线并引拔出。

4 按照相同的要领继续钩织。

宝库社符号　　JIS符号

 () 短针

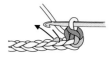

1 如箭头所示将钩针插入锁针的里山。

2 从后向前挂线,并按照箭头方向拉出。

3 再次钩针挂线,从钩针上的2个线圈中引拔出。

4 短针完成了。

⊤ 中长针

1 钩针挂线,插入锁针的里山。

2 钩针挂线,并按照箭头方向拉出。

3 再次挂线,从挂在钩针上的3个线圈中一次性引拔出。

4 中长针完成了。

⊤ 长针

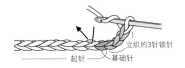

1 钩针挂线,插入锁针的里山。

2 钩针挂线,并按照箭头方向拉出。

3 再次挂线,从挂在钩针上的2个线圈中引拔出。

4 再次挂线,并从剩余的2个线圈中引拔出。

5 长针完成了。

⊤ 长长针

1 钩针挂2次线,插入锁针的里山。

2 钩针挂线,并按照箭头方向拉出。

3 再次挂线,如箭头所示从挂在钩针上的2个线圈中引拔出。

4 再次挂线,并从2个线圈中引拔出,再次挂线从剩余的2个线圈中引拔出。

5 长长针完成了。

⊤ 3卷长针

1 钩针挂3次线,插入锁针的里山。

2 钩针挂线,并按照箭头方向拉出。

3 再次挂线,如箭头所示从挂在钩针上的2个线圈中引拔出。

4 再次挂线,并依次从钩针上的2个线圈中分别引拔出,共引拔3次。

5 3卷长针完成了。

⫢ 4卷长针

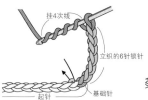  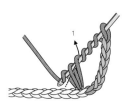  

1 钩针挂4次线,然后插入锁针的里山。

2 钩针挂线,并按照箭头方向拉出。

3 再次挂线,如箭头所示从钩针上的2个线圈中引拔出。

4 再次挂线,并依次从钩针上的2个线圈中分别引拔出,共引拔4次。

5 4卷长针完成了。

第2行以后的钩织方法

● 短针时

 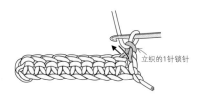 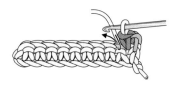

1 立织1针锁针,保持钩针不动,按照箭头方向转动织片(有时也会一边转动织片一边钩织锁针)。

2 将钩针插入前一行右端的短针头部2根线中。

3 钩织短针。

4 编织终点将钩针插入前一行左端的短针头部2根线中,钩织短针。

5 第3行以后按照相同的要领钩织。

● 长针时

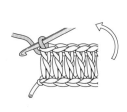 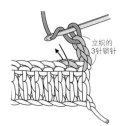 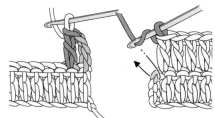 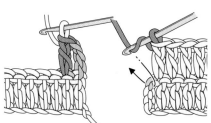 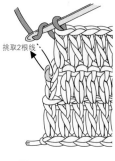

1 立织3针锁针,保持钩针不动,按照箭头方向转动织片(有时也会一边转动织片一边钩织锁针)。

2 钩针挂线,插入前一行右端第2针长针的头部2根线中。

3 钩织长针。

4 第2行的编织终点将钩针插入前一行立织第3针锁针的里山和外侧半针,钩织长针。

5 第3行以后的编织终点,前一行立织的锁针朝向正面,挑取外面的半针和里山2根线并钩织长针。

Crochet Symbol Book

枣形针、爆米花针

3针中长针的枣形针（从1针中挑取）

1 钩针挂线，插入锁针的里山。

2 钩织未完成的中长针。再在同一个针目中钩织2针未完成的中长针。

3 再次挂线，从钩针上的7个线圈中一次性引拔出。

4 3针中长针的枣形针（从1针中挑取）完成了。

 3针长针的枣形针（从1针中挑取）

1 钩针挂线，插入锁针的里山。

2 钩织未完成的长针。再在同一个针目中钩织2针未完成的长针。

3 再次挂线，从钩针上的4个线圈中一次性引拔出。

4 3针长针的枣形针（从1针中挑取）完成了。

 5针长针的枣形针（从1针中挑取）

1 钩针挂线，插入锁针的里山。

2 钩织未完成的长针。再在同一个针目中钩织4针未完成的长针。

3 再次挂线，从钩针上的6个线圈中一次性引拔出。

4 5针长针的枣形针（从1针中挑取）完成了。

⌐ 3针中长针的枣形针（整段挑取）

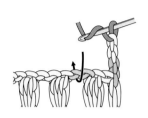 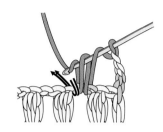 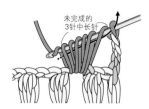 

1 钩针挂线，插入前一行锁针链的下方。

2 钩织未完成的中长针。再在同一个地方钩织2针未完成的中长针。

3 再次挂线，从挂在钩针上的7个线圈中一次性引拔出。

4 3针中长针的枣形针（整段挑取）完成了。

⌐ 3针长针的枣形针（整段挑取）

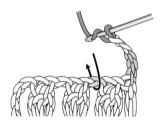   

1 钩针挂线，插入前一行锁针链的下方。

2 钩织未完成的长针。再在同一个地方钩织2针未完成的长针。

3 再次挂线，从挂在钩针上的4个线圈中一次性引拔出。

4 3针长针的枣形针（整段挑取）完成了。

⌐ 5针长针的枣形针（整段挑取）

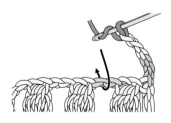  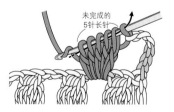 

1 钩针挂线，插入前一行锁针链的下方。

2 钩织未完成的长针。再在同一个地方钩织4针未完成的长针。

3 再次挂线，从挂在钩针上的6个线圈中一次性引拔出。

4 5针长针的枣形针（整段挑取）完成了。

5 针长长针的枣形针（从1针中挑取）

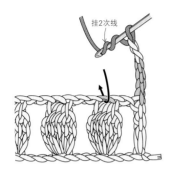

1 在钩针上挂2次线，插入前一行针目的头部2根线中（这里是枣形针的头部）。

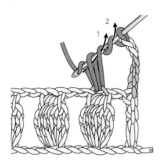

2 钩织未完成的长长针。

3 再在同一个地方钩织4针未完成的长长针。再次挂线，从挂在钩针上的6个线圈中一次性引拔出。

4 5针长长针的枣形针（从1针中挑取）完成了。

变形的3针中长针的枣形针（从1针中挑取）

1 挑取锁针的里山钩织未完成的中长针，再在同一个针目中钩织2针未完成的中长针。

2 钩针挂线，从挂在钩针上的6个线圈中引拔出（留下最右边的1个线圈）。

3 再次挂线，从钩针上剩余的2个线圈中引拔出。

4 变形的3针中长针的枣形针（从1针中挑取）完成了。

变形的3针中长针的枣形针（整段挑取）

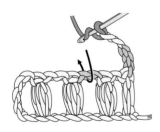

1 钩针挂线，插入前一行锁针链的下方，钩织3针未完成的中长针。

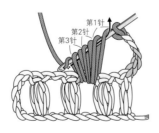

2 钩针挂线，从钩针上的6个线圈中引拔出（留下最右边的1个线圈）。

3 再次挂线，从钩针上剩余的2个线圈中引拔出。

4 变形的3针中长针的枣形针（整段挑取）完成了。

编织符号中,有底部连在一起的,也有底部分离的。
如果符号的底部不同,即使是相同的编织方法,入针方法也不相同。

●符号的底部连在一起时

钩织时,将钩针插入前一行的针目中。无论是哪种钩织方法,无论钩织多少针,都是如此。符号底部连在一起的针目,都要在同一个针目中挑针钩织。

这种挑针方法又叫分开针目挑针。前一行是锁针时,经常挑取半针和里山;前一行是其他针法时,经常挑取针目的头部。

●符号的底部分开时

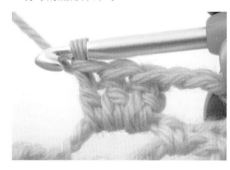

此时,要整段挑取前一行的锁针等针目。无论是哪种钩织方法,无论钩织多少针,都是如此。

这种挑针方法又叫整段挑取。挑针时,将钩针插入前一行锁针的下方,将整个锁针链挑起来。这在钩针编织中经常出现,请务必掌握。

除了基本的针法外,
枣形针和爆米花针的情况也是一样的。

3针长针的枣形针

从1针中挑取　　　整段挑取

5针长针的爆米花针

从1针中挑取　　　整段挑取

※当要挑取的针目为1针时,如果前一行是锁针(起针除外),一般是整段挑取
本书中,即使前一行是锁针,有时也会分开针目挑取,这时会在相应位置提醒读者注意。

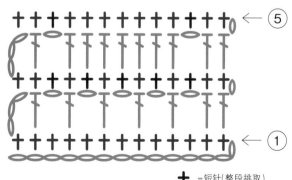

← ⑤

← ①

✝ =短针(整段挑取)

✝ =短针(从1针中挑取)

5针长针的爆米花针（从1针中挑取）

●在正面钩织时

1 在锁针的里山钩织5针长针，然后取下钩针，从织片前插入第1针长针的头部和休针的第5针中。

2 如箭头所示将休针的第5针从第1针中拉出。

3 钩针挂线，钩织1针锁针使针目收紧。

4 5针长针的爆米花针（从1针中挑取）完成了。

●在反面钩织时

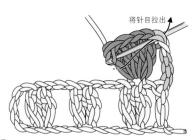
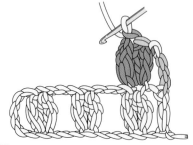

5 在前一行爆米花针的头部钩织5针长针。然后取下钩针，从织片后插入第1针长针的头部和休针的第5针中。

6 如箭头所示将休针的第5针从第1针中拉出。

7 钩织1针锁针将针目收紧，从反面钩织的5针长针的爆米花针（从1针中挑取）完成了。针目后面会有蓬松感。

 5针长长针的爆米花针（从1针中挑取）

●在正面钩织时

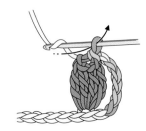

1 在锁针的里山钩织5针长长针，然后取下钩针，从织片前插入第1针长长针的头部和休针的第5针中。

2 如箭头所示将休针的第5针从第1针中拉出。再次挂线，钩织1针锁针使针目收紧。

3 5针长长针的爆米花针（从1针中挑取）完成了。

●在反面钩织时

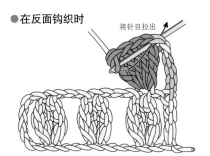
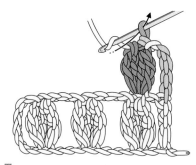
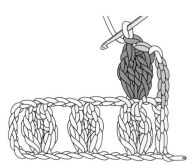

4 在前一行爆米花针的头部钩织5针长长针。然后取下钩针，从织片后插入第1针长长针的头部和休针的第5针中，如箭头所示将针目拉出。

5 钩织1针锁针将针目收紧。

6 从反面钩织的5针长长针的爆米花针（从1针中挑取）完成了。针目后面会有蓬松感。

5针长针的爆米花针（整段挑取）

●在正面钩织时

1 将钩针插入锁针链的下方钩织5针长针。

2 然后取下钩针，从织片前插入第1针长针的头部和休针的第5针中，如箭头所示将针目拉出。

3 钩针挂线，钩织1针锁针将针目收紧。

4 5针长针的爆米花针（整段挑取）完成了。

●在反面钩织时

5 将钩针插入前一行锁针链的下方钩织5针长针。

6 然后取下钩针，从织片后插入第1针长针的头部和休针的第5针中，如箭头所示将针目拉出。

7 钩针挂线，钩织1针锁针将针目收紧。

8 从反面钩织的5针长针的爆米花针（整段挑取）完成了。针目后面会有蓬松感。

5针中长针的爆米花针（从1针中挑取）

●在正面钩织时

1 在锁针的里山钩织5针中长针，然后取下钩针，从织片前插入第1针中长针的头部和休针的第5针中。

2 将休针的第5针从第1针中拉出，钩针挂线，钩织1针锁针将针目收紧。

3 5针中长针的爆米花针（从1针中挑取）完成了。

●在反面钩织时

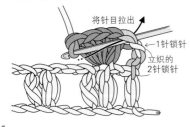 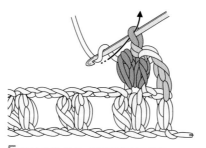 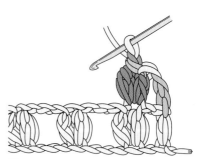

4 在前一行爆米花针的头部钩织5针中长针。然后取下钩针，从织片后插入第1针中长针的头部和休针的第5针中，如箭头所示将针目拉出。

5 钩针挂线，钩织1针锁针将针目收紧。

6 从反面钩织的5针中长针的爆米花针（从1针中挑取）完成了。针目后面会有蓬松感。

3

Crochet Symbol Book

在1针中钩织多个针目

⩔ 1针放2针短针（从1针中挑取）

 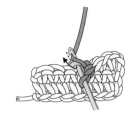 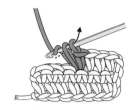 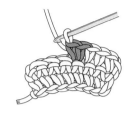

1 挑取前一行针目的头部2根线，钩织1针短针，然后将钩针插入同一个针目中。

2 钩针挂线并拉出。

3 再次钩织短针。

4 完成。此为加1针的样子。

1针放2针短针（从1针中挑取，中间加1针锁针）

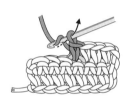   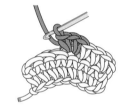

1 挑取前一行针目的头部2根线，钩织1针短针，然后再次钩针挂线。

2 钩织1针锁针后，再将钩针插入同一个针目中。

3 钩针挂线并拉出，再次钩织短针。

4 完成。此为加2针的样子。

1针放3针短针（从1针中挑取）

  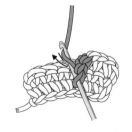 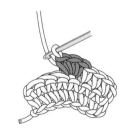

1 挑取前一行针目的头部2根线，钩织1针短针。

2 在同一个针目中再钩织1针短针。

3 然后在同一个针目中再钩织1针短针。

4 完成。此为加2针的样子。

$\bigvee$ 1针放2针中长针（从1针中挑取）

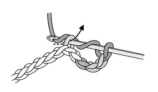

1 钩针挂线，插入锁针的里山，再次挂线并拉出。

2 钩织中长针。再次挂线钩织。

3 在同一个针目中钩织中长针。

4 1针放2针中长针（从1针中挑取）完成了。

$\bigvee$ 1针放3针中长针（从1针中挑取）

1 将钩针插入锁针的里山钩织中长针。再次挂线，将钩针插入同一个针目中。

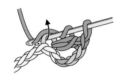

2 钩织中长针。

3 再次在同一个针目中钩织中长针。

4 1针放3针中长针（从1针中挑取）完成了。

$\bigvee$ 1针放2针长针（从1针中挑取）

1 钩针挂线，插入锁针的里山，再次挂线并拉出。

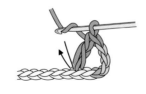

2 钩织长针。再次挂线钩织。

3 在同一个针目中钩织长针。

4 1针放2针长针（从1针中挑取）完成了。

⋎⋎ 1针放2针中长针（整段挑取）

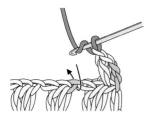

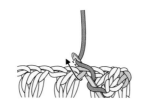

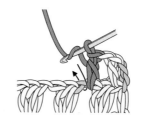

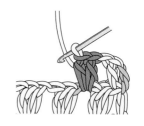

1 钩针挂线，插入前一行锁针链的下方。

2 钩织中长针。

3 再次挂线，将钩针插入同一个地方。

4 钩织中长针。1针放2针中长针（整段挑取）完成了。

⋎⋎⋎ 1针放3针中长针（整段挑取）

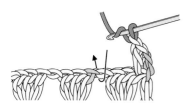

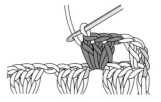

1 钩针挂线，如箭头所示插入前一行锁针链的下方。

2 钩针挂线并拉出，钩织中长针。

3 再次挂线，在同一个地方钩织2针中长针。

4 1针放3针中长针（整段挑取）完成了。

⋎⋎ 1针放2针长针（整段挑取）

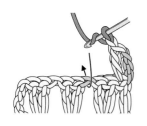

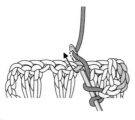

1 钩针挂线，如箭头所示插入前一行锁针链的下方。

2 钩针挂线并拉出，钩织第1针长针。

3 再次挂线，将钩针插入同一个地方，再钩织1针长针。

4 1针放2针长针（整段挑取）完成了。

1 针放 2 针长针（从 1 针中挑取，中间加 1 针锁针）

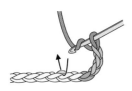

1 钩针挂线，如箭头所示插入锁针的里山。

2 钩织 1 针长针，再钩织 1 针锁针。继续挂线，将钩针插入同一个针目。

3 钩织 1 针长针。

4 1 针放 2 针长针（从 1 针中挑取，中间加 1 针锁针）完成了。

---

 1 针放 3 针长针（从 1 针中挑取）

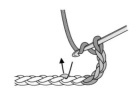

1 钩针挂线，插入锁针的里山。

2 钩织长针。在同一个针目中再钩织 2 针长针。

3 共钩织 3 针长针。

4 1 针放 3 针长针（从 1 针中挑取）完成了。

---

 1 针放 5 针长针（从 1 针中挑取）= 松叶针

1 钩针挂线，插入锁针的里山。

2 钩织长针。再次挂线。

3 在同一个针目中再钩织 4 针长针。

4 1 针放 5 针长针（从 1 针中挑取）完成了。

1针放2针长针（整段挑取，中间加1针锁针）

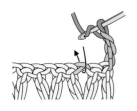 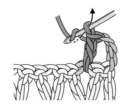  

将线拉出

1 钩针挂线，如箭头所示插入前一行锁针链的下方。

2 钩织1针长针，再钩织1针锁针。

3 将钩针插入同一个地方，再钩织1针长针。

4 1针放2针长针（整段挑取，中间加1针锁针）完成了。

1针放3针长针（整段挑取）

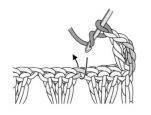 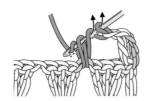 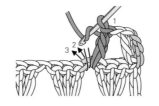 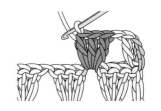

1 钩针挂线，如箭头所示插入前一行锁针链的下方。

2 钩织1针长针。

3 将钩针插入同一个地方，再钩织2针长针。

4 1针放3针长针（整段挑取）完成了。

1针放5针长针（整段挑取）= 松叶针

 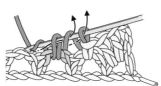 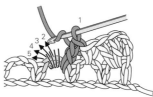 

1 钩针挂线，如箭头所示插入前一行锁针链的下方。

2 钩织1针长针。

3 将钩针插入同一个地方，再钩织4针长针。

4 1针放5针长针（整段挑取）完成了。

1 针放 4 针长针（从 1 针中挑取，中间加 1 针锁针）＝贝壳针

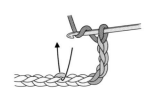   

1 钩针挂线，如箭头所示插入锁针的里山。

2 在同一个针目中钩织 2 针长针，再钩织 1 针锁针，继续挂线。

3 在同一个针目中再钩织 2 针长针。

4 1 针放 4 针长针（从 1 针中挑取，中间加 1 针锁针）完成了。

---

 1 针放 4 针长针（整段挑取，中间加 1 针锁针）＝贝壳针

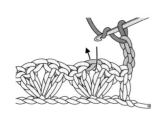 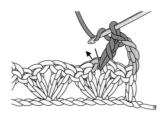  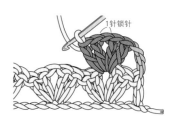

1 钩针挂线，如箭头所示插入前一行锁针链的下方。

2 钩织 2 针长针。

3 继续钩织 1 针锁针。

4 将钩针插入同一个地方，再钩织 2 针长针，完成。

---

 1 针放 3 针长针（在同一针短针上钩织）

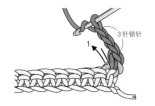  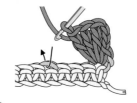 

1 钩织 1 针短针，再钩织 3 针锁针。

2 钩针挂线，插入短针所在的针目中，钩织长针。继续挂线。

3 在同一个针目中再钩织 2 针长针。跳过 3 针，将钩针插入箭头所示的第 4 针中。

4 再钩织 1 针短针，完成。

---

 1 针放 3 针长针（在短针的根部钩织）

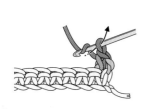 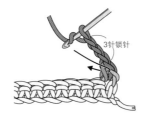 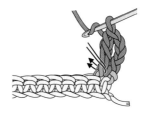 

1 钩织 1 针短针，再钩织 3 针锁针。

2 钩针挂线，插入短针根部的 2 根线，钩织长针。

3 继续挂线，在同一个针目中再钩织 2 针长针。

4 跳过 3 针，如图所示在第 4 针中钩织 1 针短针，完成。

Crochet Symbol Book

数针并为1针

⋏ 2针短针并1针

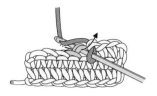

1 如图所示插入前一行短针的头部2根线,钩针挂线。

2 拉出。钩针插入下一针短针,挂线并拉出。

未完成的2针短针

3 图为未完成的2针短针的样子。钩针挂线,从钩针上挂的3个线圈中一次性引拔出。

4 2针短针并1针完成了。

⋏ 2针中长针并1针

1 钩针挂线,插入锁针的里山。

2 钩针挂线并拉出。再次挂线,将钩针插入下一针锁针中,挂线并拉出。

未完成的2针中长针

第2针 第1针

3 图为未完成的2针中长针的样子。钩针挂线,从钩针上挂的5个线圈中一次性引拔出。

4 2针中长针并1针完成了。

⋏ 2针长针并1针

1 在锁针的里山钩织1针未完成的长针,钩针挂线,并将钩针插入下一针锁针的里山拉出。

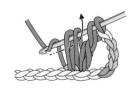

2 再次挂线,从钩针上挂的2个线圈中引拔出。

未完成的2针长针

3 图为未完成的2针长针的样子。钩针挂线,从钩针上挂的3个线圈中一次性引拔出。

4 2针长针并1针完成了。

⋏ 3针短针并1针

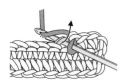

1 如图所示将钩针插入前一行短针头部2根线，挂线并拉出。

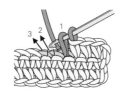

2 将钩针依次插入短针第2针、第3针中，分别挂线并拉出。

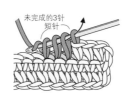

未完成的3针短针

3 图为未完成的3针短针的样子。钩针挂线，从钩针上挂的4个线圈中一次性引拔出。

4 3针短针并1针完成了。

⋏ 3针短针并1针（跳过1针）

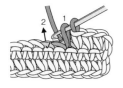

1 将钩针插入前一行短针头部钩织未完成的短针，然后跳过1针，如箭头所示入针钩织，挂线并拉出。

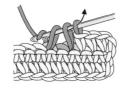

2 图为未完成的2针短针的样子。钩针挂线，从钩针上挂的3个线圈中一次性引拔出。

3 3针短针并1针（跳过1针）完成。

⋏ 3针中长针并1针

1 钩针挂线，插入锁针的里山。

2 钩织1针未完成的中长针。再将钩针依次插入锁针第2针、第3针中。

未完成的中长针
第3针 第2针 第1针

3 分别钩织2针未完成的中长针。钩针挂线，从钩针上挂的7个线圈中一次性引拔出。

4 3针中长针并1针完成了。

⋏ 3针长针并1针

1 在锁针的里山钩织1针未完成的长针。

2 再将钩针依次插入锁针第2针、第3针中，分别钩织2针未完成的长针。

未完成的3针长针

3 钩针挂线，从钩针上挂的4个线圈中一次性引拔出。

4 3针长针并1针完成了。

Crochet Symbol Book

条纹针、棱针、狗牙针

十 短针的条纹针（往返编织）

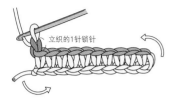

1 第1行钩织短针，第2行先立织1针锁针，然后翻转织片。

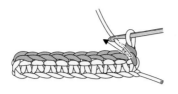

2 第2行看着反面钩织。将钩针插入前一行端头针目头部的前面半针中。

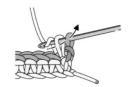

3 钩织短针。

4 下一针也将钩针插入前面半针中，钩织短针。

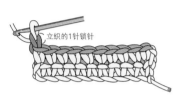

5 钩织完第2行后，第3行先立织1针锁针，然后翻转织片。

6 第3行看着正面钩织。将钩针插入前一行端头针目头部的后面半针中，钩织短针。

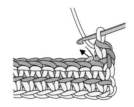

7 下一针也将钩针插入后面半针中，并钩织短针。

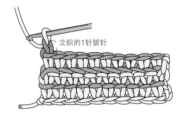

8 钩织完第3行后，第4行立织1针锁针，然后翻转织片。无论钩织多少行，都会在正面留下头部的半针。

十 短针的条纹针（环形编织）

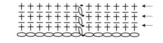

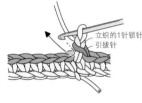

1 第2圈先立织1针锁针，然后将钩针插入前一圈第1针短针头部的后面半针中。

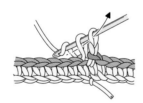

2 钩织短针。

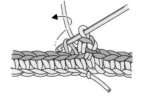

3 下一针也将钩针插入后面半针中，钩织短针。

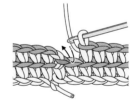

4 按照相同的要领，将钩针插入后面半针中，钩织1圈短针。

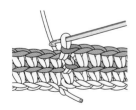

5 在第2圈的终点，将钩针插入第1针短针头部的2根线中，钩织引拔针。

6 第3圈也重复步骤1~4，将钩针插入前一圈短针头部的后面半针中，钩织短针。无论钩织多少圈，都会在正面留下头部的半针。

十 短针的棱针

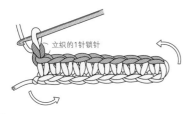

1 第1行钩织短针,第2行先立织1针锁针,然后翻转织片。

立织的1针锁针

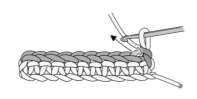

2 将钩针插入前一行端头短针头部的后面半针中,钩织短针。

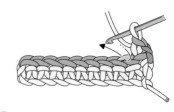

3 下一针也将钩针插入前一行短针头部的后面半针中,钩织短针。

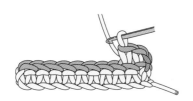

4 钩织完第2针。继续按照相同的要领钩织短针。

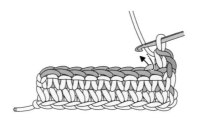

5 第3行和第2行相同,将钩针插入前一行端头短针头部的后面半针中,钩织短针。

6 每一行都将钩针插入后面半针中,钩织短针。织片会呈现出凹凸感。

丁 中长针的条纹针(环形编织)

1 钩针挂线,插入前一行针目头部的后面半针中。

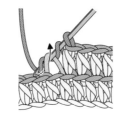

2 钩针挂线并拉出。

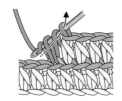

3 钩织中长针。

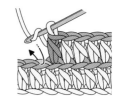

4 中长针的条纹针(环形编织)完成。按照相同的要领继续钩织。

丁 长针的条纹针(环形编织)

1 钩针挂线,将钩针插入前一行针目头部的后面半针中。

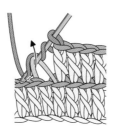

2 钩针挂线并拉出。

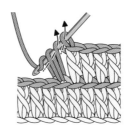

3 钩织长针。

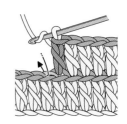

4 长针的条纹针(环形编织)完成。按照相同的要领继续钩织。

3针锁针的狗牙针

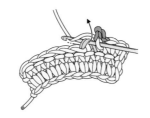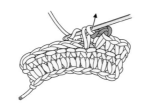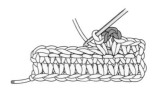

1 钩织完短针后,再钩织3针锁针,然后挑取前一行下一个针目的头部2根线。

2 钩针挂线并拉出。

3 钩织短针。

4 3针锁针的狗牙针完成了。

3针锁针的狗牙拉针（在短针上钩织）

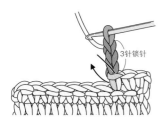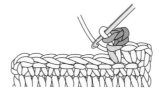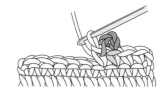

1 钩织完短针后,再钩织3针锁针,然后挑取短针头部的前面半针和根部的1根线。

2 钩针挂线并按照图示引拔出。

3 3针锁针的狗牙拉针（在短针上钩织)完成了。

4 下一针钩织短针。

3针锁针的短针狗牙针

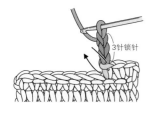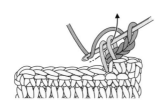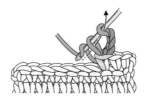

1 钩织完短针后,再钩织3针锁针,然后挑取短针头部的前面半针和根部的1根线。

2 钩针挂线并拉出。

3 再次挂线,并从钩针上的2个线圈中引拔出。

4 3针锁针的短针狗牙针完成了。

3针锁针的狗牙拉针（在长针上钩织）

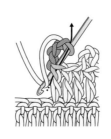

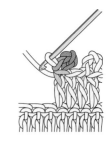

1 钩织完长针后，再钩织3针锁针，然后挑取长针头部的前面半针和根部的1根线。

2 钩针挂线并按照图示引拔出。

3 3针锁针的狗牙拉针（在长针上钩织）完成了。

 ## 3针锁针的狗牙拉针（在锁针上钩织）

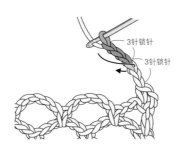

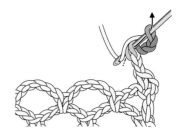

1 钩织完3针锁针后，继续钩织3针锁针，然后挑取第3针锁针的半针和里山。

2 钩针挂线并按照图示引拔出。

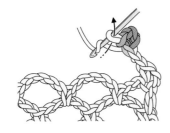

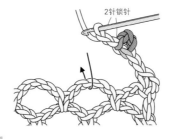

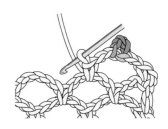

3 3针锁针的狗牙拉针（在锁针上钩织）完成了。继续按照编织图钩织。

4 钩织2针锁针和1针短针。

5 锁针方眼编织的中间钩织了狗牙针。

交叉针

⚹ 1针中长针交叉

1 钩针挂线,插入锁针的里山,钩织中长针。

2 钩针挂线,如箭头所示插入右边锁针的里山。

3 钩针挂线,像包住前一针的中长针那样,钩织中长针。

4 1针中长针交叉完成了。

⚹ 1针长针交叉

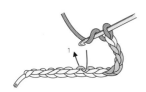

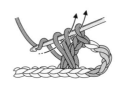

1 钩针挂线,插入锁针的里山,再次挂线并拉出,钩织长针。

2 钩针挂线,如箭头所示插入右边锁针的里山。

3 钩针挂线,像包住前一针的长针那样,钩织长针。

4 1针长针交叉完成了。

⚹ 1针长针交叉（中间加1针锁针）

1 在锁针的里山钩织长针,然后钩针挂线并拉出。

2 钩织完1针锁针后,再次挂线,如箭头所示插入右边第2针锁针的里山。

3 钩针挂线,像包住步骤1中的长针那样,钩织长针。

4 1针长针交叉（中间加1针锁针）完成了。

✕ 变形的1针长针交叉（右上）

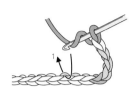

1 在锁针的里山钩织长针。

2 钩针挂线，如箭头所示从前面插入右边锁针的里山，从前面钩织长针。

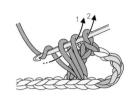

3 钩织完1针长针后，步骤1钩织的长针位于后面。

4 变形的1针长针交叉（右上）完成了。

✕ 变形的1针长针交叉（左上）

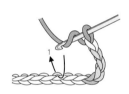

1 在锁针的里山钩织长针。

2 钩针挂线，如箭头所示从后面插入右边锁针的里山，从后面钩织长针。

3 钩织完1针长针后，步骤1钩织的长针位于前面。

4 变形的1针长针交叉（左上）完成了。

1针长长针交叉

1 钩针挂2次线，在锁针的里山钩织长长针。

2 再挂2次线，将钩针插入右面锁针的里山。

3 钩针挂线，像包住前一针的长长针那样，钩织长长针。

4 1针长长针交叉完成了。

变形的1针和3针长针交叉（右上）

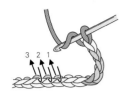

1 钩针挂线，如箭头所示分别插入锁针的里山。

2 依次钩织3针长针。

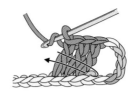

3 钩织3针长针后，钩针挂线，插入第1针长针右面的锁针中。

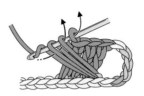

4 钩针挂线并长长地拉出，分别从2个线圈中依次引拔出，钩织长针。

5 变形的1针和3针长针交叉（右上）完成了。

变形的1针和3针长针交叉（左上）

1 钩针挂线，插入锁针的里山，将线长长地拉出，钩织长针。

2 再次挂线，将钩针依次插入刚刚钩织的长针右面的第3针锁针的里山。

3 钩织1针长针。步骤1钩织的长针位于前面。

4 按照相同的要领分别在中间的2针锁针上依次钩织2针长针。

5 变形的1针和3针长针交叉（左上）完成了。

7

拉针

ろ 短针的正拉针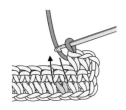

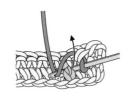 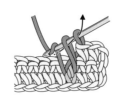 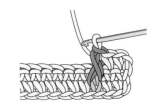

1 从织片前将钩针插入前2行短针的根部,全部挑起来。

2 钩针挂线并拉出较长的线。

3 再次挂线,从钩针上的2个线圈中一次性引拔出。

4 短针的正拉针完成了。

ろ 中长针的正拉针

 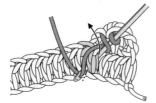 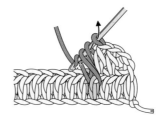 

1 钩针挂线,从前面将钩针插入前一行中长针的根部,全部挑起来。

2 钩针挂线并拉出较长的线。

3 再次挂线,从钩针上的3个线圈中一次性引拔出。

4 中长针的正拉针完成了。

ろ 长针的正拉针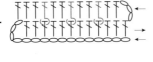

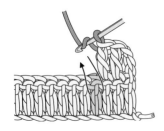 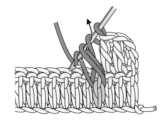 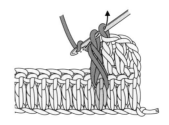 

1 钩针挂线,从前面将钩针插入前一行长针的根部,全部挑起来。

2 钩针挂线并拉出较长的线。再次挂线,从钩针上的2个线圈中一次性引拔出。

3 再次挂线,从剩余的2个线圈中一次性引拔出。

4 长针的正拉针完成了。

短针的反拉针

1 从织片后将钩针插入前2行短针的根部,全部挑起来。

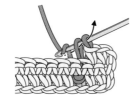

2 钩针挂线并拉出较长的线。再次挂线,从钩针上的2个线圈中一次性引拔出。

3 短针的反拉针完成了。

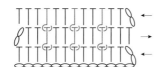

中长针的反拉针

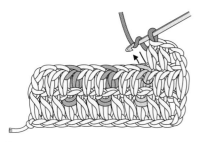

1 钩针挂线,从织片后将钩针插入前一行中长针的根部,全部挑起来。

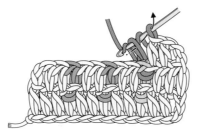

2 钩针挂线并拉出较长的线。再次挂线,从钩针上的3个线圈中一次性引拔出。

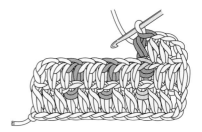

3 中长针的反拉针完成了。

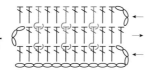

长针的反拉针

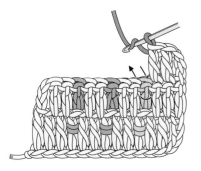

1 钩针挂线,从织片后将钩针插入前一行长针的根部,全部挑起来。钩针挂线并拉出较长的线。

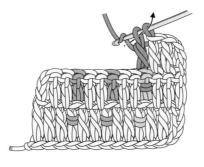

2 再次挂线,从钩针上的2个线圈中一次性引拔出,钩织长针。

3 长针的反拉针完成了。

7

拉针

2针长针的正拉针并1针

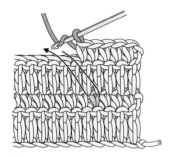

1 钩针挂线，从织片前将钩针插入前2针右侧1针短针的根部，全部挑起来。

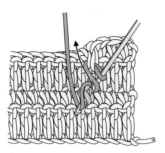

2 钩针挂线并拉出较长的线。

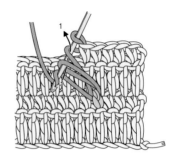

3 再次挂线，从钩针上的2个线圈中一次性引拔出（未完成的长针的正拉针）。

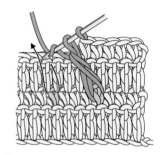

4 再次挂线，跳过左边3针，按照相同的要领将钩针插入第4针短针的根部。

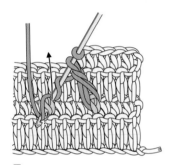

5 钩针挂线并拉出较长的线。

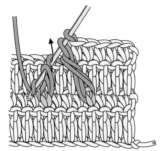

6 再次挂线，从钩针上的2个线圈中一次性引拔出（未完成的长针的正拉针）。

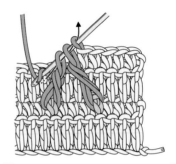

7 再次挂线，从钩针上的3个线圈中一次性引拔出。

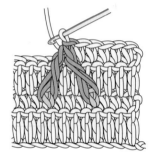

8 2针长针的正拉针并1针完成了。

 2针长长针的正拉针并1针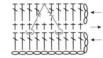

1 钩针挂2次线，从织片前将钩针插入前2行右边1针长针的根部，全部挑起来。

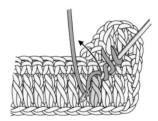

2 钩针挂线并拉出较长的线。从钩针上的2个线圈中一次性引拔出，重复1次（未完成的长长针的正拉针）。

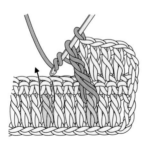

3 再次挂2次线，跳过左边3针，按照相同的要领将钩针插入第4针长针的根部。

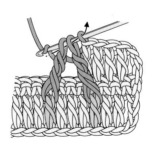

4 钩针挂线并拉出较长的线，从钩针上的2个线圈中一次性引拔出，重复1次。再次挂线，从钩针上剩余的3个线圈中一次性引拔出。

5 2针长长针的正拉针并1针完成了。

1针长针的正拉针交叉（中间加1针锁针）

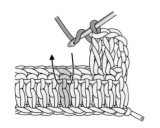

1 钩针挂线，跳过左边2针长针，从织片前插入第3针长针的根部，全部挑起来。

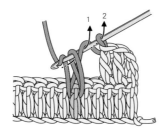

2 钩针挂线并拉出较长的线，钩织长针。

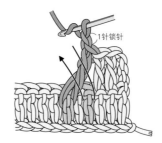

3 钩织1针锁针。钩针挂线，并按照相同的要领，插入第1针长针的根部，全部挑起来，拉出较长的线，钩织长针。

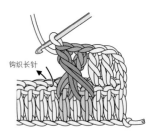

4 1针长针的正拉针交叉（中间加1针锁针）完成了。跳过3针，将钩针插入下一针的头部钩织。

 1针放2针长针的正拉针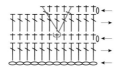

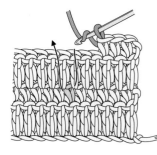

1 钩针挂线，跳过前2行的2针短针，从织片前插入第3针短针的根部，全部挑起来。

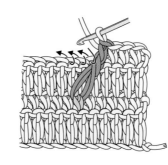

2 钩针挂线并拉出较长的线，钩织长针。跳过1针前一行的针目，钩织3针短针。

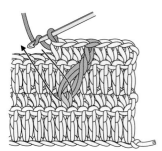

3 钩针挂线，从织片前插入和步骤1相同的地方。

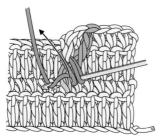

4 钩针挂线并拉出较长的线。

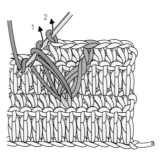

5 钩针挂线，从2个线圈中一次性引拔出，钩织长针。

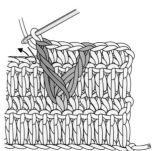

6 1针放2针长针的正拉针完成了。

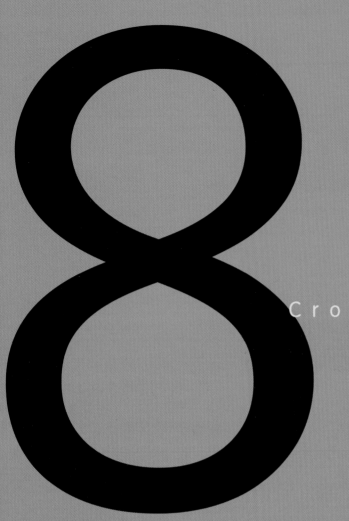

Crochet Symbol Book

针目的变化

Y字针

1 钩针挂2次线，插入锁针的里山。

2 钩织长长针。然后钩织1针锁针，钩针挂线，如箭头所示插入长长针根部最下方的2根线。

3 钩针挂线并拉出。

4 再次挂线，从钩针上的2个线圈中引拔出。

5 再次挂线，从钩针上的2个线圈中引拔出。

6 Y字针完成了。

倒Y字针（挂2次线）

1 钩针挂2次线，插入锁针的里山。

2 钩织1针未完成的长针。

3 钩针挂线，跳过左边的1针锁针，如箭头所示在下一针锁针中插入。

4 再次钩织1针未完成的长针。

5 再次挂线，从钩针上的2个线圈中拉出。

6 再次挂线，依次从钩针上的2个线圈中分别引拔出。

7 倒Y字针（挂2次线）完成了。

倒 Y 字针（挂 3 次线）

1 钩针挂 3 次线，插入锁针的里山。

2 钩织未完成的长针。

3 钩针挂线，跳过左边的 1 针锁针，如箭头所示在下一针锁针中插入。

4 再次钩织 1 针未完成的长针。

5 再次挂线，从钩针上的前 3 个线圈中引拔出。

6 再次挂线，依次从钩针上的 2 个线圈中分别引拔出。

7 倒 Y 字针（挂 3 次线）完成了。

 长针的十字针（挂 2 次线）

1 钩针挂 2 次线，插入锁针的里山。

2 钩织未完成的长针。

3 钩针挂线，跳过左边的 2 针锁针，如箭头所示在下一针锁针中插入。

4 再次钩织 1 针未完成的长针。

5 再次挂线，从钩针上的 2 个线圈中引拔出。

6 再次挂线，依次从钩针上的 2 个线圈中分别引拔出。

7 钩织 2 针锁针。

8 钩针挂线，如箭头所示插入 2 针长针的 2 根线中。

9 钩针挂线并拉出。

10 再次挂线，依次从钩针上的 2 个线圈中分别引拔出。

11 长针的十字针（挂 2 次线）完成了。

长针的十字针（挂3次线）

1 钩针挂3次线,插入锁针的里山。

2 钩织未完成的长针。

3 钩针挂线,跳过左边的2针锁针,如箭头所示在下一针锁针中插入。

4 再次钩织1针未完成的长针。

5 再次挂线,从钩针上的3个线圈中一次性引拔出。

6 再次挂线,依次从钩针上的2个线圈中分别引拔出。

7 继续钩织2针锁针。

8 钩针挂线,如箭头所示插入2针长针上的3根线中。

9 钩针挂线并拉出。

10 再次挂线,依次从钩针上的2个线圈中分别引拔出。

11 长针的十字针(挂3次线)完成了。

 长长针的十字针

1 钩针挂4次线,插入锁针的里山。

2 钩针挂线,依次从钩针上的2个线圈中分别引拔出。这时钩织了1针未完成的长长针。

3 钩针挂2次线,跳过左边的3针锁针,如箭头所示在下一针锁针中插入。

4 再次钩织1针未完成的长长针。

5 再次挂线,从钩针上的2个线圈中一次性引拔出。

6 再次挂线,依次从钩针上的2个线圈中分别引拔出。

7 钩织3针锁针。

8 钩针挂2次线,如箭头所示插入2针长长针上的2根线中。

9 钩针挂线并拉出。再次挂线,依次从钩针上的2个线圈中分别引拔出。

10 长长针的十字针完成了。

5 针长针的带脚枣形针

1 钩针挂3次线,插入锁针的里山。

2 钩织1针未完成的长针。钩针挂线,在同一个针目中再钩织4针未完成的长针。

3 钩针挂线,从钩针上的6个线圈中引拔出。

4 再次挂线,依次从钩针上的2个线圈中分别引拔出。

5 5针长针的带脚枣形针完成了。

 倒 Y 字针和 Y 字针的组合（挂3次线）

1 钩针挂3次线,插入锁针的里山。

2 钩织1针未完成的长针。

3 钩针挂线,跳过1针锁针,如箭头所示在下一针锁针中插入。

4 钩织1针未完成的长针。

5 钩针挂线,从钩针上的2个线圈中引拔出。

6 钩针挂线,从钩针上的2个线圈中引拔出。

7 依次从2个线圈中分别引拔出。

8 钩织1针锁针。

9 钩针挂线,如箭头所示,插入长针的2根线中。

10 钩针挂线并拉出。

11 钩针挂线,从钩针上的2个线圈中引拔出。

12 钩针挂线,从钩针上剩余的2个线圈中引拔出。

13 倒 Y 字针和 Y 字针的组合(挂3次线)完成了。

三角针

1 钩针挂5次线，插入锁针的里山，钩织未完成的5卷长针。

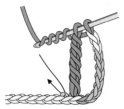

2 继续钩织1针未完成的4卷长针、3卷长针、长长针、长针。

3 钩针挂线，从钩针上的2个线圈中引拔出。

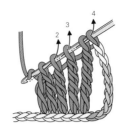

4 再次挂线，依次从2个线圈中分别引拔出，最后从剩余的3个线圈中一次性引拔出。

5 三角针完成了。

 倒 Y 字针和 Y 字针的组合（挂4次线）

1 钩针挂4次线，插入锁针的里山。

2 钩织1针未完成的长针。钩针挂线，跳过1针锁针，如箭头所示插入下一针锁针中。

3 钩织1针未完成的长针。钩针挂线，从钩针上的3个线圈中引拔出。

4 钩针挂线，从钩针上的2个线圈中引拔出。

5 重复2次步骤4。

6 钩织1针锁针。钩针挂线，如箭头所示，插入长针的2根线中。

7 钩针挂线并拉出。

8 钩针挂线，依次从钩针上的2个线圈中分别引拔出。

9 倒Y字针和Y字针的组合（挂4次线）完成了。

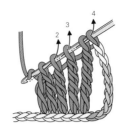

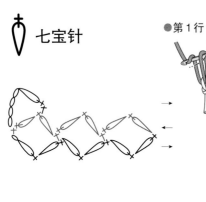

七宝针

●第1行

1 钩织1针锁针后,将钩针上的针目拉长,再次挂线并引拔出。

2 将钩针插入拉长的锁针的里山,挂线并拉出。

3 钩针挂线,从钩针上的2个线圈中一次性引拔出,钩织短针。这是七宝针的第1针。

4 将挂在钩针上的针目拉长,然后再次挂线并引拔出。重复步骤2、3。

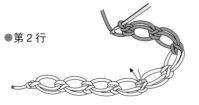

●第2行

5 接着第1行钩织2个七宝针花样,然后插入第1行端头第2个花样短针根部的2根线。

6 钩针挂线并拉出。

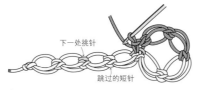

7 钩针挂线,从钩针上的2个线圈中引拔出。

8 短针完成了。

9 然后重复"钩织2个七宝针花样,跳过前一行的1针短针,挑针并钩织短针"。

10 第2行的编织终点要挑取第1行编织起点的锁针的半针和里山,钩织短针。

●第3行

11 立织4针锁针,翻转织片。钩织1个花样后,挑取前一行短针的头部2根线。

12 钩织短针。然后重复"钩织2个七宝针花样,钩织短针"。

卷针(绕7圈)

1 钩针挂7次线(绕7圈),插入前一行针目的头部2根线。

2 钩针挂线并拉出。

3 将拉出的线从钩针上的8个线圈中拉出。

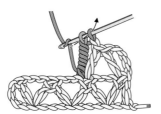

4 钩针挂线,从钩针上剩余的2个线圈中引拔出。

5 卷针(绕7圈)完成了。

⊍ 短针的圈圈针

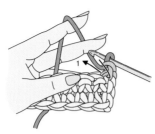

1 左手的中指放在线上,如图所示将钩针插入前一行短针的头部2根线。

2 左手中指向下压住线(压住的线将成为圈圈),如箭头所示钩针挂线。

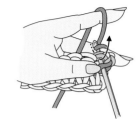

3 将线拉出。

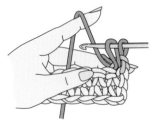

4 将线拉出后的样子。

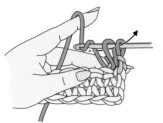

5 钩针挂线,从钩针上的2个线圈中一次性引拔出,抽出左手中指。反面形成了个1个圈圈,短针的圈圈针就完成了。

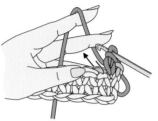

6 左手中指向下压住线,按照相同的要领继续钩织。

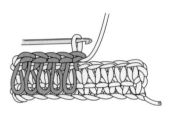

7 圈圈出现在反面,反面当作正面用。 如果用两根手指压线,圈圈会更长。

⊍ 长针的圈圈针

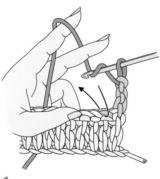

1 钩针挂线,左手的中指放在线上,如图所示插入前一行长针的头部2根线。

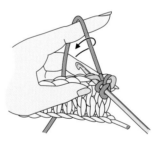

2 左手中指向下压住线(压住的线将成为圈圈),如箭头所示钩针挂线。

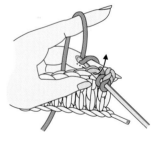

3 将线拉出。

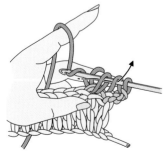

4 钩针挂线,从钩针上的2个线圈中引拔出。

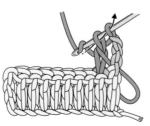

5 再次挂线,从钩针上的2个线圈中引拔出,抽出左手中指。

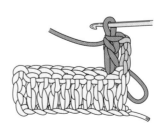

6 反面形成了圈圈,这就是长针的圈圈针。

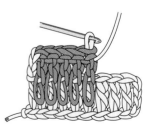

7 圈圈出现在反面,反面当作正面用。

串珠编织

需要织入串珠的话，在开始钩织之前，要先将所需数量的串珠穿到线上。

串珠的穿入方法

●使用成串的串珠时

＊和编织线系在一起（珠孔要比2根线粗）

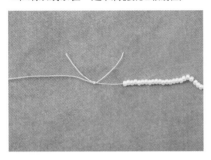

1 将编织线的端头和串珠自身的线系在一起。

2 将串珠一点点向编织线上移动。

3 将串珠移到线团旁边，以免影响钩织进度。

＊和编织线粘在一起（珠孔要比2根线细）　※教学视频中无

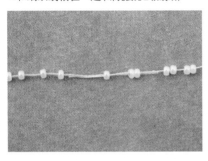

将编织线的端头捻细，用黏合剂将其和串珠自身的线粘在一起，再把串珠移到编织线上。

●使用散珠时

＊用串珠针

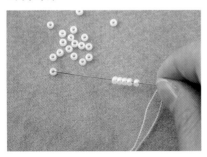

如果使用的是散珠，先将编织线穿到串珠针上，然后用串珠针穿起来，再移到编织线上。

＊用编织线　※教学视频中无

如果珠孔较小，拉出编织线的端头3~4cm,涂上手工专用黏合剂，待干燥后将线头斜斜地剪下，就方便顺利地穿上串珠了。

织入串珠的方法

在钩织带有串珠的针法时,只需先拨入所需数量的串珠再钩织即可。
串珠全部出现在织片反面,可将反面当作正面用。

●锁针

1 拨入1颗串珠,钩针挂线并引拔出,钩织锁针。钩织锁针时,将线拉紧,串珠会排列得很漂亮。

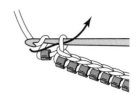

2 完成了,串珠钩织在锁针的里山上。也可以在1针锁针中织入2颗、3颗甚至更多的串珠。

●短针

1 挑取前一行针目的头部,挂线并拉出(未完成的短针)。拨入1颗串珠,钩针挂线并引拔出,钩织短针。

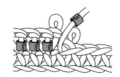

2 完成了,串珠钩织在织片的反面。

●中长针

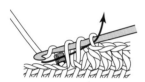

1 钩针挂线,挑取前一行的针目,钩织未完成的中长针。拨入1颗串珠,钩针挂线,并从钩针上的3个线圈中一次性引拔出。

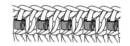

2 完成了,串珠钩织在织片的反面(图为隔1针织入1颗串珠的样子)。

●长针

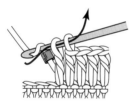

1 钩针挂线,挑取前一行的针目,钩织未完成的长针。拨入1颗串珠。钩针挂线,并从剩余的2个线圈中引拔出。

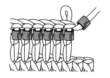

2 完成了,串珠钩织在织片的反面。

●长针
（1针中织入2颗串珠）

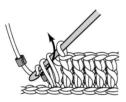

1 钩针挂线,挑取前一行的针目,挂线并拉出。拨入1颗串珠,钩针挂线,从钩针上的2个线圈中拉出。

2 这是未完成的长针,再拨入1颗串珠,钩针挂线,并从剩余的2个线圈中引拔出。

3 长针中织入的2颗串珠纵向排列在织片的反面。

●长长针
（1针中织入2颗串珠）

1 钩针挂2次线,挑取前一行的针目,挂线并拉出。再次挂线,从钩针上的2个线圈中拉出。

2 拨入1颗串珠,钩针挂线,从钩针上的2个线圈中拉出。

3 这是未完成的长长针。再拨入1颗串珠,钩针挂线,并从钩针上剩余的2个线圈中引拔出。

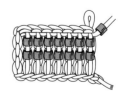

4 长长针中织入的2颗串珠纵向排列在织片的反面。

Crochet Symbol Book

变形的短针

～十 反短针

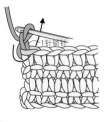

1 看着织片的正面，向右钩织。立织1针锁针，如箭头所示转动钩针，挑取前一行端头针目的头部。

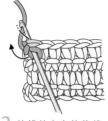

2 从线的上方钩住线，然后将其拉出。

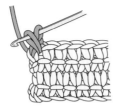

3 将线拉出后的样子。

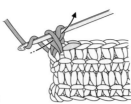

4 钩针挂线，从钩针上的2个线圈中引拔出。

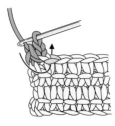

5 1针反短针完成了。

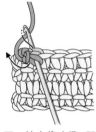

6 下一针也像步骤1那样转动钩针，挑取前一行右侧针目的头部。从线的上方钩住线，然后将其拉到织片前面。

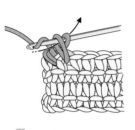

7 钩针挂线，从钩针上的2个线圈中引拔出。

8 2针反短针完成了。重复步骤6、7，从左向右钩织。

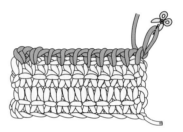

9 钩织至端头后，将线拉出并剪断。

⊕ 扭短针

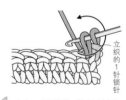

1 立织1针锁针，将钩针插入前一行右边针目的头部，拉出较长的线，然后按照箭头方向转动钩针。

2 钩针挂线，从钩针上的2个线圈中引拔出。

3 1针扭短针完成了。下一针也将钩针插入前一行针目的头部2根线中。

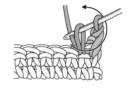

4 和步骤1一样，拉出较长的线，按照箭头方向转动钩针。

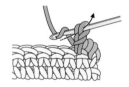

5 钩针挂线，从钩针上的2个线圈中引拔出。

6 钩织好了2针扭短针。

7 重复步骤4~6。

⁓ㅓ 变形的反短针（挑取 2 根线）

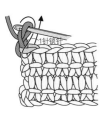

1 立织1针锁针，如箭头所示沿顺时针方向转动钩针，挑取前一行端头针目的头部。

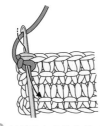

2 从线的上方钩住线，保持钩针的方向不变，从钩针上挂的线圈中引拔出。

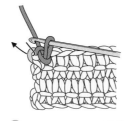

3 将钩针插入立织的锁针的里山。

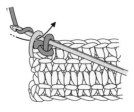

4 钩针挂线并拉出。

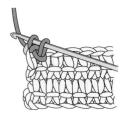

5 将线拉出后的样子。

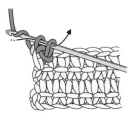

6 钩针挂线，从钩针上的2个线圈中引拔出。

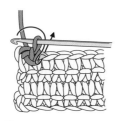

7 1针变形的反短针（挑取2根线）完成了。下一针也像步骤1那样转动钩针，挑取前一行右侧针目的头部。

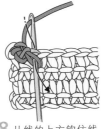

8 从线的上方钩住线，从钩针上挂的线圈中引拔出。

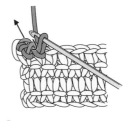

9 返回1针，如箭头所示挑取2根线。

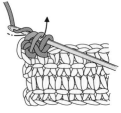

10 钩针挂线并拉出。

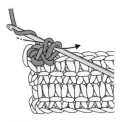

11 钩针挂线，从钩针上剩余的2个线圈中引拔出，钩织短针。

12 2针变形的反短针（挑取2根线）完成了。

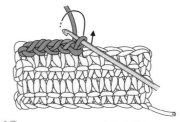

13 重复步骤7~11，从左向右钩织。

⁓ㅓ 变形的反短针（挑取 1 根线）

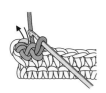

1 第1针按照挑取2根线的要领钩织。从第2针开始，如箭头所示，挑取前一行右侧针目的头部1根线。

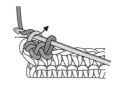

2 钩针挂线并拉出。

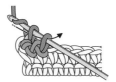

3 钩针挂线，从钩针上的2个线圈中引拔出。

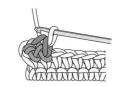

4 变形的反短针（挑取1根线）完成了。

5 按照相同的要领从左向右钩织。

十　挂线的短针

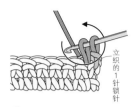   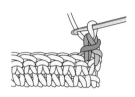

1 立织1针锁针,将钩针插入前一行右端的针目,挂线并拉出。如箭头所示,将编织线沿着线圈绕1圈。

2 绕线后的情形。

3 钩针挂线,从钩针上的2个线圈中引拔出。

4 挂线的短针完成了。

短针的扣眼

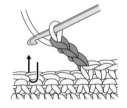 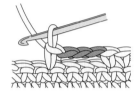 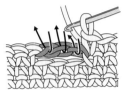 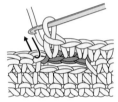

1 在钩织短针的过程中钩织相当于扣眼长度的锁针。

2 跳过和锁针相同的针数,继续挑针钩织短针。

3 下一行,挑取锁针的里山钩织短针(有时也会整段挑取)。

4 继续钩织短针。锁针的下方形成扣眼。

引拔针的纽襻

 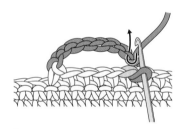 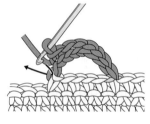

1 钩织短针至纽襻的左侧,钩织相当于纽襻长度的锁针,抽出钩针并插入图中所示短针的头部,然后将锁针拉出。

2 挑取锁针的里山,钩织引拔针。

3 锁针部分全部钩织引拔针,然后继续在短针上钩织短针。

短针的纽襻

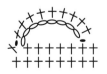

  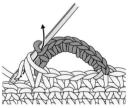 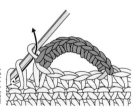

1 钩织短针至纽襻的左侧,钩织相当于纽襻长度的锁针,抽出钩针并插入图中所示短针的头部,然后将锁针拉出。

2 整段挑取锁针链部分,钩织短针。

3 在纽襻的编织终点,挑取短针头部的半针和根部的1根线,钩织引拔针。

4 继续在短针上钩织短针。

10

Crochet Symbol Book

条纹花样和配色花样

条纹花样的钩织方法（换线方法）

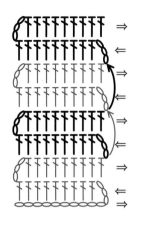

● 第2行的终点

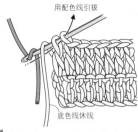

用配色线引拔

底色线休线

1 底色线最后引拔时，换为配色线，将配色线挂在钩针上并引拔出（底色线从后向前挂在钩针上，线头出现在反面）。

2 换成了配色线。底色线休线（保持不动）。

● 第3行

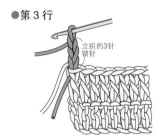

立织的3针锁针

3 立织3针锁针。

4 翻转织片，用配色线钩织2行。

● 第4行的终点

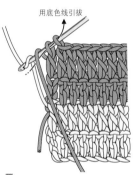

用底色线引拔

5 换回底色线时，在配色线最后引拔时，配色线休线，将底色线挂在钩针上并引拔出（配色线从后向前挂在钩针上，线头出现在反面）。

配色线休线

6 换回了底色线。配色线休线。

● 第5行

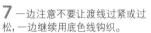

立织的3针锁针

7 一边注意不要让渡线过紧或过松，一边继续用底色线钩织。

● 第6行的终点

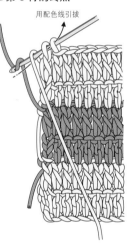

用配色线引拔

8 钩织2行，按照步骤5的要领，将配色线挂在钩针上并引拔出。

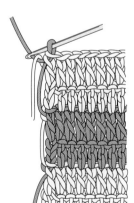

9 换成了配色线。底色线休线。

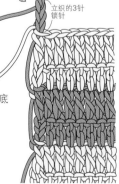

立织的3针锁针

10 继续用配色线钩织2行。按照相同的要领换线钩织。

线头的处理方法

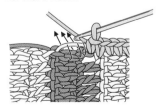

钩织边缘编织时，将渡线一起包住。

短针钩织的配色花样（横向渡线）

这种方法适合花样较为精致的情况。横向渡线，钩织时包住。

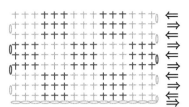

 第1行

1 底色线最后引拔时，将配色线挂在钩针上并引拔出。

2 同时挑取底色线和配色线的线头，钩针挂线并拉出。

3 一边包住底色线和配色线的线头，一边用配色线钩织短针。

4 配色线最后引拔出时，将底色线挂在钩针上并引拔出。

5 一边包住配色线，一边用底色线钩织短针。

6 按照相同的要领，换线钩织。

7 在编织行的终点，立织1针锁针。

8 立织1针锁针后，按照图示翻转织片。

● 第2行

9 将配色线渡在反面，一边包住配色线，一边用底色线钩织短针。

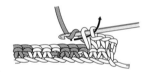

10 底色线最后引拔时，将配色线挂在钩针上并引拔出。

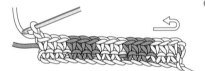

11 按照相同的要领，换线钩织。钩织到终点时，立织1针锁针，将织片翻到正面。包住的配色线也要一起翻到反面。

● 第3行

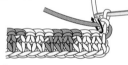

12 将配色线渡在反面，一边包住配色线，一边用底色线钩织短针。

13 第3行的编织终点换线。最后引拔出时，将底色线休线，将配色线挂在钩针上并引拔出（底色线休线时，从前向后挂在钩针上，线头出现在反面）。

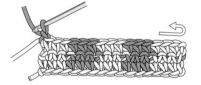

14 然后立织1针锁针，翻转织片。

● 第4行

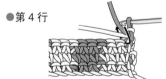

15 一边包住底色线，一边用配色线钩织短针。

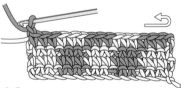

16 按照相同的要领钩织。钩织到终点时，立织1针锁针，将织片翻到正面。包住的底色线也要一起翻到反面。

● 第6行以后

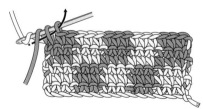

17 反面行的编织终点换线时，休线要从后向前挂在钩针上（线头出现在反面）。将配色线挂在钩针上并引拔出。

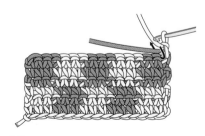

18 在钩织过程中包住渡在反面的休线。

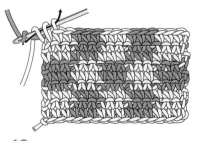

19 按照相同的要领继续钩织。编织行的终点换线时，为了使下一行的渡线更加平整，先将休线挂在钩针上再换线钩织（休线的线头出现在织片反面）。

长针钩织的配色花样（横向渡线）

这种方法适合花样横向连在一起时
或者花样较为精致时。
横向渡线，钩织时包住。
要领和短针的相同，钩织速度比短针的快。

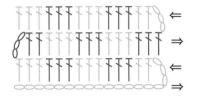

● 第1行

1 底色线最后引拔时，将配色线挂在钩针上并引拔出。

2 钩针挂线，一边包住底色线和配色线的线头，一边钩织长针。

3 配色线最后引拔出时，将底色线挂到钩针上并引拔出。

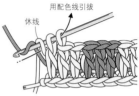

4 一边包住配色线，一边用底色线钩织长针。

5 在底色线最后引拔出时，将配色线挂在钩针上并引拔出。

6 钩织到终点，最后引拔出时，底色线休线，将配色线挂在钩针上并引拔出（底色线休线时，从前向后挂在钩针上，线头出现在反面）。

● 第2行

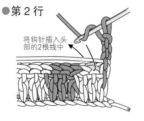

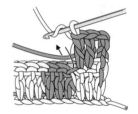

7 然后立织3针锁针，翻转织片。

8 将配色线挂在钩针上，挑针时包住底色线。

9 一边包住底色线，一边钩织长针。

10 配色线最后引拔出时，换为底色线。一边包住配色线，一边用底色线钩织长针。

● 第3行

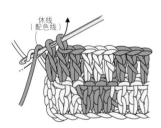

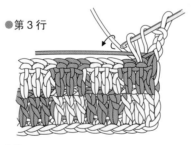

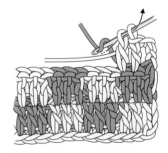

11 在第2行的编织终点，配色线休线，换为底色线（配色线休线时，从后向前挂在钩针上，线头出现在反面）。

12 立织3针锁针，将织片翻到正面。休线渡在反面，钩织时包住。

13 底色线最后引拔出时，换为配色线。

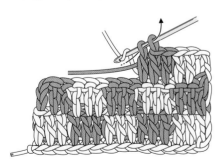

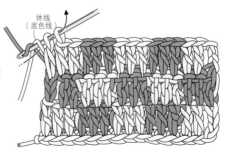

14 按照相同的要领继续钩织。

15 编织行的终点换线时，为了使下一行的渡线更加平整，先将休线挂在钩针上再换线钩织（休线的线头出现在织片反面）。

长针钩织的配色花样（纵向渡线）

这种方法适合花样纵向连在一起时，或者花样较大时。
纵向渡线，钩织时不用包住配色线。

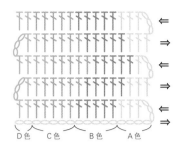

D色　C色　B色　A色

●第1行

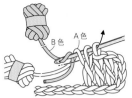

1 先用A色线钩织，在换线针目的前一针长针最后引拔时，A色线休线，将B色线挂到钩针上并引拔出（A色线休线时，从前向后挂在钩针上，线头出现在反面）。

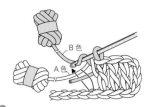

2 钩针挂线，不用包住A色线，一边用B色线包住线头，一边钩织长针。

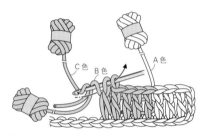

3 在换线针目的前一针长针最后引拔时，B色线休线，换用C色线钩织（B色线休线时，从前向后挂在钩针上，线头出现在反面）。

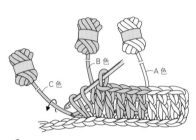

4 B色线在反面休线，一边用C色线包住线头，一边钩织长针。

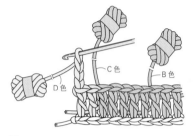

5 按照相同的要领换为D色线，钩织到编织行的终点，然后立织3针锁针，翻转织片。

●第2行

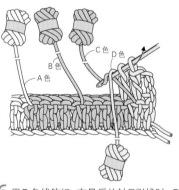

6 用D色线钩织，在最后的针目引拔时，D色线休线，换用C色线钩织（D色线休线时，从后向前挂在钩针上，线头出现在反面）。

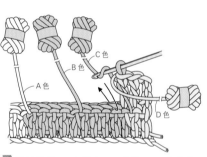

7 钩针挂线，D色线在反面休线，用C色线钩织长针。

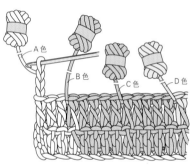

8 按照相同的要领，一边换线一边钩织，然后立织3针锁针，将织片翻到正面。

●第3行以后

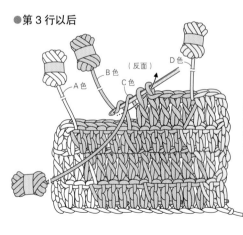

9 在织片反面换线时，休线要从后向前挂在钩针上，线团出现在反面。

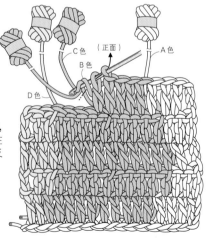

10 织片在正面换线时，休线要从前向后挂在钩针上，线团出现在反面。

•••
Crochet Symbol Book

细绳

双重锁针（引拔针）

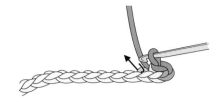

1 钩织锁针，为了呈现棱角，跳过1针锁针，将钩针插入下一针锁针的里山，挂线并引拔出。

2 下一针也将钩针插入锁针的里山。

3 钩针挂线并引拔出。

4 重复步骤2、3。

双重锁针

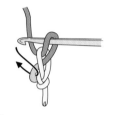

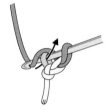

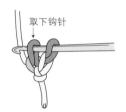

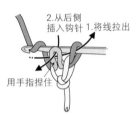

1 钩织1针锁针，然后将钩针插入锁针的里山。

2 钩针挂线并拉出。

3 将步骤2完成的针目从钩针上取下。

4 用手指捏住步骤3中取下的针目以免其松开，钩织1针锁针，然后从后面插入。

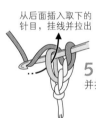

5 钩针挂线并拉出。

6 拉出后的样子。重复步骤3~5。

7 钩织所需的长度后，从钩针上剩余的2个线圈中一次性引拔出。

罗纹绳

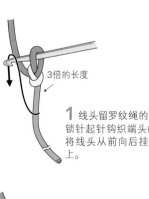

1 线头留罗纹绳的3倍长，锁针起针钩织端头的针目。将线头从前向后挂在钩针上。

2 钩针挂线，从钩针上的线头和1个线圈中引拔出（钩织锁针）。

3 第1针完成了。下一针将线头从前向后挂在钩针上。

4 从钩针上的线头和1个线圈中引拔出。

5 重复步骤3、4，最后从锁针中引拔出。

龙虾蝇

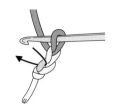

1 钩织2针锁针, 将钩针插入第1针锁针的半针和里山。

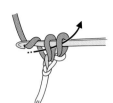

2 钩针挂线并拉出, 再次挂线并从钩针上的2个线圈中引拔出(钩织短针)。

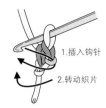

3 将钩针插入步骤1中第2针锁针的半针中, 然后向左转动织片。

1.插入钩针
2.转动织片

4 钩针挂线并拉出。

5 钩针挂线, 并从2个线圈中引拔出(钩织短针)。

插入钩针

6 如箭头所示将钩针插入2根线中。

转动织片

7 保持钩针插入的状态, 向左转动织片。

8 钩针挂线, 并从钩针上的2个线圈中拉出。

9 钩针挂线, 从钩针上剩余的2个线圈中引拔出(钩织短针)。

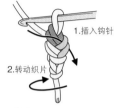

1.插入钩针
2.转动织片

10 重复步骤6～9, 一边向左转动织片, 一边钩织短针, 最后引拔钩织。

中长针的龙虾蝇

1 钩织2针锁针, 钩针挂线, 然后插入第1针锁针的半针, 挂线并拉出。

2 继续挂线, 并从钩针上的3个线圈中引拔出(钩织中长针)。

3 向左转动织片。

4 钩针挂线, 如箭头所示将钩针插入1根线中。

5 钩针挂线并拉出, 钩织中长针。

6 向左转动织片。

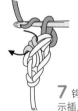

7 钩针挂线, 如箭头所示插入3根线中。

8 钩针挂线并拉出, 钩织中长针。重复此步骤。

---

2 针短针的龙虾蝇

立织的1针锁针

1 钩织2针锁针, 然后立织1针锁针, 将钩针依次插入第2针和第1针锁针的里山中, 分别钩织短针。

2 如箭头所示转动织片。

3 将钩针分别插入短针头部的前面1根线和立织的锁针的半针中, 钩织短针。

4 如箭头所示转动织片。

5 将钩针依次插入短针的头部和端头的2根线中, 分别钩织短针。重复此步骤。

长针的龙虾绳

1 钩织2针锁针,钩针挂线,然后插入第1针锁针的半针中,挂线并拉出。

2 继续挂线,并依次从钩针上的2个线圈中分别引拔出(钩织长针)。

3 向左转动织片。

4 钩针挂线,如箭头所示插入1根线中。

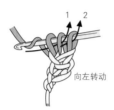

5 钩针挂线并拉出,钩织长针。向左转动织片。

6 钩针挂线,如箭头所示插入2根线中,钩织长针。重复此步骤。

长针和1针锁针的龙虾绳

步骤1~3和长针的龙虾绳相同。

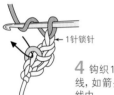

4 钩织1针锁针,钩针挂线,如箭头所示插入1根线中。

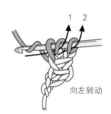

5 钩织长针后,向左转动织片。

6 钩织1针锁针,然后如箭头所示插入2根线中,钩织长针。重复此步骤。

变形的龙虾绳

1 钩织3针锁针,如箭头所示插入第2针和第1针锁针的半针中,钩针挂线并拉出。

2 钩针挂线,从钩针上的线圈中一次性引拔出,向左转动织片。

3 依次将钩针插入箭头所示位置,分别挂线并拉出。再次挂线,并一次性引拔出。

4 与步骤2相同,转动织片。如箭头所示依次将钩针插入2根线和3根线中,分别挂线并拉出,然后从3个线圈中一次性引拔出。重复此步骤。

指编绳

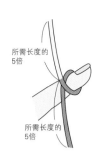

所需长度的5倍

所需长度的5倍

拉紧

←活动的线

1 准备10倍于所需长度的线,用手指在线的中央做个环。

2 从环中拉出线,制作线圈。

3 拉紧打结的线头。

4 将线圈套在右手食指上,如图所示拿着线结。

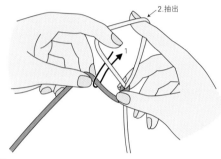

2.抽出

5 用左手拿着左边的线头,从上面将左手食指放入线圈中,让左边的线头穿过。抽出右手食指。

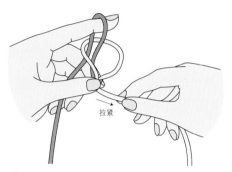

拉紧

6 换成左手拿着线结,拉紧右边的线头。

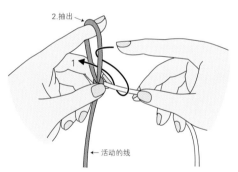

2.抽出

←活动的线

7 从上面将右手食指放入线圈中,让右边的线头穿过。抽出左手食指。

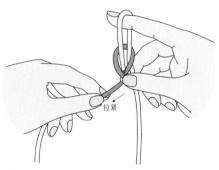

拉紧

8 换成右手拿着线结,拉紧左边的线头。

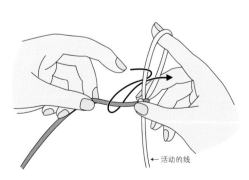

←活动的线

9 重复步骤5～8。

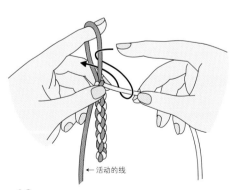

←活动的线

10 最后在线圈中穿过,拉紧。

日本宝库社授权河南科学技术出版社在中国大陆独家出版发行本书中文简体字版本。

版权所有，翻印必究

备案号：豫著许可备字-2017-A-0152

新书推荐

一看即懂的
棒针编织符号

Knitting Symbol Book

简单明了
最新版棒针编织基础

67种编织符号
155种编织技巧

图书在版编目（CIP）数据

一看即懂的钩针编织符号/日本宝库社编著；如鱼得水译.
—郑州：河南科学技术出版社，2017.9（2021.11重印）

ISBN 978-7-5349-8966-7

Ⅰ.①一⋯ Ⅱ.①日⋯ ②如⋯ Ⅲ.①钩针—编织—图解
Ⅳ.①TS935.521-64

中国版本图书馆CIP数据核字(2017)第207367号

简单明了
最新版钩针编织基础

95种编织符号
50种编织技巧

出版发行：河南科学技术出版社

地址：郑州市郑东新区祥盛街27号　邮编：450016

电话：（0371）65737028　　65788613

网址：www.hnstp.cn

策划编辑：刘 欣

责任编辑：张 培

责任校对：王晓红

封面设计：张 伟

责任印制：张艳芳

印　　刷：河南博雅彩印有限公司

经　　销：全国新华书店

幅面尺寸：213 mm×285 mm　　印张：4　　字数：140千字

版　　次：2017年9月第1版　　2021年11月第2次印刷

定　　价：39.00元

如发现印、装质量问题，影响阅读，请与出版社联系并调换。